高效能人士的
七个习惯

培养和建立七个习惯的追踪系统

[美] 史蒂芬·柯维 著
Stephen R. Covey

中国青年出版社

图书在版编目（CIP）数据

高效能人士的七个习惯·培养和建立七个习惯的追踪系统 / （美）史蒂芬·柯维著；周雁洁译.
—北京：中国青年出版社，2024.2
书名原文：The 7 Habits of Highly Effective People: Habit Tracker
ISBN 978-7-5153-7170-2

Ⅰ．①高…　Ⅱ．①史…　②周…　Ⅲ．①习惯性 – 能力培养 – 通俗读物　Ⅳ．①B842.6–49

中国国家版本馆CIP数据核字（2024）第010169号

高效能人士的七个习惯·培养和建立七个习惯的追踪系统

作　　者：［美］史蒂芬·柯维
译　　者：周雁洁
责任编辑：肖　佳
文字编辑：吴梦书
美术编辑：佟雪莹
出　　版：中国青年出版社
发　　行：北京中青文文化传媒有限公司
电　　话：010–65511272 / 65516873
公司网址：www.cyb.com.cn
购书网址：zqwts.tmall.com
印　　刷：大厂回族自治县益利印刷有限公司
版　　次：2024年2月第1版
印　　次：2025年6月第6次印刷
开　　本：880mm×1230mm　1 / 32
字　　数：130千字
印　　张：5.75
京权图字：01–2023–0167
书　　号：ISBN 978-7-5153-7170-2
定　　价：49.90元

版权声明

目　录

序 言

　　本书的英文编辑们生于不同的年代，出身于不同的文化。在成长过程中，我们来自不同的国家、讲不同的语言、有不同的信仰和不同的习俗。例如，安妮的家乡是美国西部瓦萨奇山脉附近的盐湖城，她享受那里的四季变化和自然奇观，而 M. J. 已经习惯了佛罗里达的噪声、蚊子叮咬和闷热潮湿，见惯了那里拥挤的人行道和高速公路。

　　不过，我们都有一个共同点：我们都过着非常忙碌的生活。

　　安妮·奥斯瓦尔德（Annie Oswald）是富兰克林柯维公司图书和音频部的副总裁，负责监督图书开发的战略部署和执行过程。在涉及国际版权销售、许可和权利管理、产品开发和业务发展、建立伙伴关系、IP 市场营销的任何领域，她都是无所不知的专家。如果你就职于世界上最值得信赖的领导力公司，公司的企业战略以培养思想领导力和开发图书为中心，而你的职责又涉及制订和管理这一企业战略时，那么，你得在盐湖城从黎明忙到深夜。然而，安妮在工作与生活之间实现了平衡，让自己保持健康和快乐，让她在工作上和在家庭中都能有所产出。她经常与丈夫一起环游世界，也从来不会错过与四个女儿和孙辈们一起度过美好时光的机会，她每天早上还会去健身房健身或散步。

　　在美国东海岸，M. J. 菲弗尔（M. J. Fievre）也是 5 点前就起床了。芒果（Mango）公司是美国发展速度最快的出版商之一，作为该公司的全球版图书和青少年图书出版部门的总监，菲弗尔的日程安排得很紧凑。她需要往返于佛罗里达州南部和中部，负责芒果（Mango）公司关于富兰克林柯维公司委托出版新书的事务。她管理着公司的儿童图书部门和翻译部门，还担任知名青少年图书《酷酷的非裔女性》（*Badass Black Girl*）的内部作家。在公司之外，她还是迈阿密书展的项目协调人。此外，由于她通晓多门语言，因此成为美国刑事司法系统的专家证人。在工作之外，M. J. 能照顾好母亲，她热爱普拉提，还能积极参加教会活动，也曾在迪士尼乐园和环球影城度过了多个夜晚。

我们能够平衡生活的许多不同方面，可以平等地考虑事业和私人生活中的需求，并在二者间实现了平衡，没有厚此薄彼。正因如此，人们经常会问我们："你们怎么做到这一点？"

我们都会不假思索地回答："我们培养出了七个习惯。"

史蒂芬·柯维博士（Stephen R. Covey）的《高效能人士的七个习惯》一书改变了我们的生活。此书于1989年首次出版，安妮在当时就发现并阅读了此书，书中内容帮她绘制了一张自身所需的蓝图，使其能在私人生活和工作生活中的各方面都取得成功。对于M. J. 而言，在20世纪90年代末，《高效能人士的七个习惯》成为帮助她保持情绪稳定的工具。M. J. 成长于海地太子港一个动荡不安、暴力频发的环境中，在很多时候，她几乎要向绝望投降。不过，柯维博士的教诲让她坚持了下来。

我们很开心能有机会一起编辑本书，不仅是因为这一方法的灵感来自一本对我们两人的生活都有着深刻意义的书，还因为我们的合作是对《高效能人士的七个习惯》内容效果的认可——无论你是谁，来自哪里，经历过什么，该书都行之有效。

M．J．菲弗尔、安妮·奥斯瓦尔德

如何使用这本书

30余年间,《高效能人士的七个习惯》一直广受读者推崇。这本书改变了总统们、首席执行官们、教育家们、家长们和学生们的生活。简而言之,各个年龄段、从事各种职业的数百万人都从中受益。如果加上本书的辅助,史蒂芬·柯维提出的七个习惯中蕴含的永恒智慧和力量,将足以转变你的生活——只需每周一次,就可以在没有压力的情况下实现转变。

习惯追踪系统简单实用,是衡量你是否成功培养(或努力想要培养成)一种习惯的方法。此法周期为五十二周,包含了一系列检测表,这些检测表可以作为冥想和成长的一种形式,它们还分别针对某个特定的习惯。随着时间的推移,这些检测表可以记录下你的习惯的连贯发展过程,让你可以对此进行反思和重新调整。

你可以随时开始使用这一习惯追踪系统,不过我们鼓励你:

● 在开始为期五十二周的学习之前和结束学习之后,进行自我评估;

● 按照书中的顺序使用这些检测表,因为七个习惯逐步递进,前者是后者的基础。

在整本书中,除了检测表之外,你还能读到许多至理名言、经验分享和真知灼见——所有这些内容,都是为了帮助你在私人生活中和在职场上实现转变。

　　这一习惯追踪系统中包含的任何内容都有其存在的意义——每一份检测表都是精挑细选出来的，以引导你认识到一些你从未意识到或注意到的自身特点。

　　祝你在培养七个习惯的过程中收获乐趣！

第 **1** 周

自我评估

七个习惯®信息表：七个习惯的自我评分表

说明

阅读每一句话，然后根据自己的判断，圈出能代表你在以下各个习惯中表现的数字。

第一组	非常 不好	不好	一般	好	非常好	特别 优秀
1. 我待人和蔼，体谅他人。	1	2	3	4	5	6
2. 我信守承诺。	1	2	3	4	5	6
3. 我不在别人背后说他的 坏话。	1	2	3	4	5	6

此组总分：

（续表）

第二组	非常不好	不好	一般	好	非常好	特别优秀
4. 我能在生活的各个方面（工作、家庭、友谊等）保持适当的平衡。	1	2	3	4	5	6
5. 当我忙于某个项目时，总是想着雇主的需求和利害关系。	1	2	3	4	5	6
6. 我努力工作，但绝不把自己累得筋疲力尽。	1	2	3	4	5	6

此组总分：☐

第三组						
7. 我能掌控自己的生活。	1	2	3	4	5	6
8. 我把注意力集中于我能做的事情上，而不是我无法控制的事情上。	1	2	3	4	5	6
9. 我为自己的情绪和行为负责，而不是埋怨环境、责备他人。	1	2	3	4	5	6

此组总分：☐

第四组						
10. 我知道自己在生活中想要追求什么。	1	2	3	4	5	6
11. 我的生活和工作井然有序，很少陷入危机。	1	2	3	4	5	6
12. 我在每周开始时都会制订一个清晰的计划，注明我想完成的事情。	1	2	3	4	5	6

此组总分：☐

（续表）

第五组	非常 不好	不好	一般	好	非常好	特别 优秀
13. 我能自律地执行计划 （避免拖延、浪费时间等）。	1	2	3	4	5	6
14. 我不让日常琐事埋没了 真正重要的事务。	1	2	3	4	5	6
15. 我每天所做的事情是有 意义的，有助于实现我生活 中的目标。	1	2	3	4	5	6

此组总分：☐

第六组						
16. 我关心别人的成功，就像 关心自己的成功一样。	1	2	3	4	5	6
17. 我能与别人合作。	1	2	3	4	5	6
18. 遇到冲突时，我努力寻找 有利于各方的解决方案。	1	2	3	4	5	6

此组总分：☐

第七组						
19. 我对他人的感受很敏感。	1	2	3	4	5	6
20. 我努力争取理解对方的 观点。	1	2	3	4	5	6
21. 我在倾听时，会试着从对 方的角度看问题，而不仅从自 己的角度来看问题。	1	2	3	4	5	6

此组总分：☐

（续表）

第八组	非常不好	不好	一般	好	非常好	特别优秀
22. 我重视并寻求他人的见解。	1	2	3	4	5	6
23. 我能创造性地寻求新的、更好的想法和解决方案。	1	2	3	4	5	6
24. 我鼓励他人表达自己的观点。	1	2	3	4	5	6

此组总分：

第九组						
25. 我关心自己的身体健康和幸福。	1	2	3	4	5	6
26. 我努力建立并改善与他人的关系。	1	2	3	4	5	6
27. 我会花时间追求生活的意义和乐趣。	1	2	3	4	5	6

此组总分：

用图表记录你七个习惯的效能

在"此组总分"一栏中计算你的每组得分。一共有九组，前两组分别对应七个习惯的基础习惯，后七组分别对应高效能人士的七个习惯。

计算出各组总分后，在下面的表格中记录每组分数，将你的总数制成图表。

你的分数越高，表明你越接近七个习惯的要求。如果你的分数比你期望的低，请参考《高效能人士的七个习惯》一书中的相应章节（或模块），以便更好地了解如何提高你在这些习惯中的效能。

各组总分

	1 情感账户	2 平衡生活	3 积极主动	4 以终为始	5 要事第一	6 双赢思维	7 知彼解己	8 统合综效	9 不断更新
18 出色									
15 很好									
12 不错									
9 可以									
6 差									
3 极差									

简介

高效能人士的
七个习惯

习惯就是我们会反复做的事情。但大多数时候，我们很难意识到我们有哪些习惯。我们几乎都是在"自动运行模式"下生活。有些习惯是有效的，有些是无效的，有些则是无关紧要的。

以下是你可能有的一些习惯：定期锻炼、指责他人、花几个小时上网、用叉子吃酸奶、对他人表示尊重、晚上洗澡、消极思考。

习惯可以成就我们，也可以毁掉我们，这取决于我们拥有什么样的习惯。我们反复做的事情，最终会决定我们成为什么样的人。

我们都想获得成功。而通往成功的道路之一，是确定哪些习惯可以在成功之旅上助我们一臂之力。高效能人士的七个习惯包括：

1. 积极主动
2. 以终为始
3. 要事第一
4. 双赢思维
5. 知彼解己
6. 统合综效
7. 不断更新

习惯一、习惯二、习惯三关注自我管理，从依赖他人转变为独立自主。习惯四、习惯五和习惯六侧重于发展团队精神、协作技能和沟通技能，从独立自主转变为相互依存。习惯七则关注持续的成长和进步，综合体现了其他所有习惯。

第 2 周

识别你的习惯

首先写下你的三个有效习惯和三个无效习惯，然后再写下你做出这些习惯性行为后，会有什么样的后果。

有效习惯	后果
1.	
2.	
3.	
无效习惯	后果
1.	
2.	
3.	

你想改变列出的无效习惯吗？如果想，那么想改变哪些习惯，为什么？

_____

_____

_____

_____

_____

你有想改进的有效习惯吗？如果想，那么是哪些有效习惯，为什么？

_____

_____

_____

_____

_____

成熟模式图

《高效能人士的七个习惯》一书绘制了这份成熟模式图，图中包含了三个连贯的发展时期：依赖期、独立期和互赖期。

在成熟模式图中，依赖期以"你"为核心：你照顾我；你要对我的成败负责；这是你的错。

独立期以"我"为核心：我可以负责；我有权选择。

互赖期以"我们"为核心：我们可以合作；我们可以做到；我们可以相互扶持。

想要真正变得成熟，就要学会重视由内而外的高效能方法，以原则和品德为中心。"由内而外"指的是，改变需要从自身开始。这意味着，你需要首先改变你的性格特征和世界观，只有这样，你才能在行为上实现长久改变。从现在开始，请检查调整你的性格特征、动机以及你看待世界的方式。

第 3 周

追踪记录你的有效习惯

在第2周，你写下了自己的三个有效习惯和三个无效习惯，还写下了你做出这些习惯性行为时，会面临哪些后果。

这周，让我们努力完善你的有效习惯。你能坚持一整个星期吗？

习惯	时间	
	周一 周二 周三 周四	周五 周六 周日
	周一 周二 周三 周四	周五 周六 周日
	周一 周二 周三 周四	周五 周六 周日

积极主动

——决定选择的习惯

"积极主动意味着，生而为人，我们要对自己的生活负责。我们的行为取决于我们的决定，而不是我们所处的环境。我们有责任选择我们的回应。积极主动的人不会将自己的行为归咎于环境、条件或条件反射。"

——史蒂芬·柯维

　　当人们养成了积极主动的习惯时，他们就会停下来，让自己根据原则和期望结果，选择自己的回应。他们经常思考明天，预测有哪些情况可能会迫使自己只能做出消极被动的回应，这样，他们就能避免陷入消极被动。当人们陷入消极被动时，他们会让外部影响因素有机可乘，控制自己的反应。

　　在刺激和回应之间，要学会停下来思考。

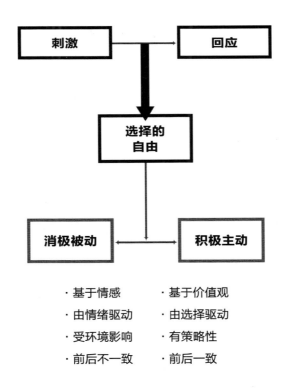

　　考虑你的行为：它们会产生什么影响？谁会受到影响？为什么他们会受到影响？我的行为将如何影响某些人/某一情况？何时会产生这种影响？

第 **4** 周

深呼吸，数到10（或100）

检测表

本周	周一	周二	周三	周四	周五	周六	周日
1. 至少在一种情况下，我暂停了下来，让自己仔细选择自己的回应。							
2. 在早上，我设想了自己的一天，并决定可以做些什么来变得积极主动。							
3. 我学会了识别自己身体的愤怒警告信号，并思考如果我情绪失控的话，可能会导致什么后果。							
4. 至少在一个场合中，我用幽默来释放紧张情绪，而不是讽刺、挖苦或伤人的幽默。							
5. 我为自己的行为负责。							
6. 每当我感到受伤时，我会以第一人称"我"来做陈述。							
7. 我能选择自己的行动、态度和感受。							

每周反思

由你负责

积极主动的人是"他们自己生活中的创造性力量"——他们选择自己的行为方式,并为其后果负责。而消极被动的人则把自己看作受害者。

语言是一个可以衡量积极主动程度的真正指标。使用积极主动的语言,有助于增加你对自己能力的信心,赋予你采取行动的能量。一个积极主动的人会使用积极主动的语言(例如,我能、我要、我宁愿,等等)。

使用消极被动的语言,这无疑意味着你将自己视为环境的受害者,而不是一个积极主动、自力更生的人。消极被动的人会使用消极被动的语言(例如,我办不到、我不得不、要是……就好了,等等)。消极被动的人认为他们无法对自己的言行负责,他们觉得自己的所作所为是无奈之举。

在接下来的两周里,每当你觉得自己趋向消极被动时,你可以发挥以下四项禀赋中的一种——自我意识、良知、独立意志和想象力,并试着在这一天中使用这四项禀赋。

第 **5** 周

积极主动的一天

检测表

本周	周一	周二	周三	周四	周五	周六	周日
1. 我列出了所有可能在今天发生的影响我主动性的事情。							
2. 我密切注意我在做出回应时所使用的语言。							
3. 我记录了我听到消极被动语言和积极主动语言的频率，还记录了使用这些语言的人。							
4. 我做到了三思而后行。我问自己："怎样做才是正确的呢？"							
5. 我对自己负责。不是其他人"让"我有了某种感受，而是我选择了这种感受。							
6. 如果我发现自己在消极被动地回应问题，我会尝试转换成积极主动的方式。							
7. 我使用了积极主动的语言，例如"我能""我要""我宁愿"。							

每周反思

_____

_____

_____

_____

_____

第 6 周

主动出击

检测表

本周	周一	周二	周三	周四	周五	周六	周日
1. 我主动解决了一个问题，没有感到惊慌失措。我发现了问题所在，制订并执行计划。							
2. 即使没人要求、没人注意，我也做了正确的、负责任的选择。							
3. 在截止日期前几天，我主动联系了一位同事，对其伸出援手。							
4. 我及时向老板、团队、客户或任何相关人员提供最新信息。							
5. 我积极参加会议，提出建议，参与头脑风暴，分享意见，帮助其他团队成员。							
6. 我做了一件有利于他人的善事。							
7. 我请值得信赖的人帮助我区分发泄情感、"吐槽"（过度抱怨）和解决问题。							

每周反思

_____

_____

_____

_____

_____

_____

影响圈和关注圈

有些事情是你可以控制的（比如言语、行动和行为模式），而有些事情则是你无法控制的（例如曾经犯下的错误、家庭、同事们等）。

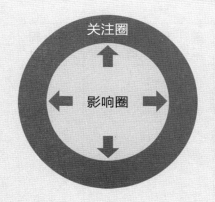

积极主动者的焦点

积极能量扩大了影响圈

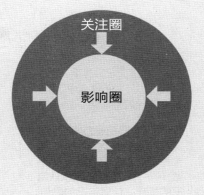

消极被动者的焦点

消极能量缩小了影响圈

你的**关注圈**包括那些你为之担忧却又无法控制的事情。如果你专注于此，你花在那些你能影响的事情上的时间和精力就会减少。

你的**影响圈**包括那些你能直接影响的事情。当你专注于此时，你能增加自己的知识和经验。你的影响圈也会因此日益扩大。

你应该缩小关注圈，扩大影响圈。

第 **7** 周

缩小关注圈

检测表

本周	周一	周二	周三	周四	周五	周六	周日
1. 我建立了一份清单，列出了我可以控制的事情和其他我无法控制的事情。							
2. 我没有把注意力放在我无法控制的事情上（例如，"如果我没有住在这个城市的话……"），相反，我承认自己的感受，认清自己的恐惧。然后，我列出了一份我可以掌控的事情的清单，并专注于我的影响力。							
3. 我提醒自己，生活充满不确定性，没有什么是永久的，包括挫折。							
4. 我写下积极向上的肯定性话语，把它们贴在我可以经常看到的地方。							
5. 我改变了看问题的角度，努力实现个人成长。							

（续表）

本周	周一	周二	周三	周四	周五	周六	周日
6. 我想到了目前面临的一个问题或机会。我列出了我关注圈内的所有事情，然后选择放下——可以把清单烧掉、撕碎或冲进马桶。							
7. 我会考虑"有什么事情可能会出差错？"这样一来，（如果我无法控制这些事情），我可以做到接受负面影响，或者（如果我可以积极主动地把负面因素变成中性或正面因素），我可以做到主动克服困难。							

每周反思

_____

_____

_____

_____

_____

_____

第 **8** 周

扩大影响圈

检测表

本周	周一	周二	周三	周四	周五	周六	周日
1. 我创建了一份我可以掌控的事情的清单。							
2. 我研究了我的影响圈，确定了一项我在本周每一天都可以做的行动，以提高我的影响力。							
3. 我修复了一些破损的东西，或改善了一段关系。							
4. 我采取行动改善身体健康状况，并制订了一个长期计划。							
5. 我没有纠结于上周犯下的错误，而是从中吸取到了教训。							
6. 我在开始做一件新的事情之前，收集了所有需要的信息，因为我明白，我知道的越多，我就能越有信心地做出决定。如果我对于所做之事一无所知，那么我就无法做出决定。							

（续表）

本周	周一	周二	周三	周四	周五	周六	周日
7. 我始终记得不是所有人都能在任何环境下实现蓬勃发展。我反思是否有机会改变我的环境，以确保我能获得成功。							

每周反思

_____

_____

_____

_____

_____

_____

成为转型者

转型者可以打破不健康、虐待式的或无效的行为模式。他们模仿的是可以帮人变得更坚定、更强大的积极主动的行为和习惯。

接下来的一周，你将要专注于打破一些在成长过程中可能由他人传递给你的负面模式（例如，虐待、成瘾、坏习惯、消极态度等），以此来实现转型。你将反思这些模式对你产生了何种影响，试想一下如果你不再做这些行为，会发生什么事情。

第 9 周

打破循环

检测表

本周	周一	周二	周三	周四	周五	周六	周日
1. 我列出了一份我想要改变的不健康行为清单，确定了这些行为的诱因。							
2. 我列出了打破这一消极模式的正当理由。							
3. 我列出了为了打破消极模式，我每天可以做的事情，包括用一种不同的习惯来取代旧习惯。							
4. 我找到了一个能负责监督我的伙伴。							
5. 我列出了为了帮助自己改变一种消极模式，我可以请求其他人做的事情。							
6. 我不是仅仅等着别人给我反馈，而是积极寻求反馈，表现出对学习和进步的渴望。							
7. 我想好了一个计划，以防我重拾旧习。							

每周反思

_____

_____

_____

_____

_____

以终为始

——决定个人愿景的习惯

"虽然习惯二适用于不同的环境和生活层面，但最基本的应用，还是应该从现在开始，以你的人生目标作为衡量一切的标准。以终为始意味着在开始之时，你就对自己的目标有了清楚的认知。这意味着你知道自己要去向何方，这样你就能更好地理解自己目前的处境，如此一来，你所采取的步骤就能始终朝着正确的方向前进。"

——史蒂芬·柯维

习惯二是决定个人愿景的习惯。如果你不能有意识地设想你是谁、你在生活中想要什么，那么你其实就是默许自己把塑造自我以及你的生活的权力，拱手让给他人和环境。

第 **10** 周

着眼大局

检测表

本周	周一	周二	周三	周四	周五	周六	周日
1. 我在可能需要改进的方面为自己设定了目标。							
2. 一旦我明确了自己目前的处境和想要实现的目标，我就开始规划实现目标的过程，努力缩小二者之间的差距。							
3. 我考虑了我需要的支持机制，以逐步实现我的目标。							
4. 我寻找有助于实现目标所需的培训和发展。							
5. 我完成了一份有抱负的文件或档案。							
6. 我开始发现我与我想成为的人之间的差距。							
7. 我向负责督促我的伙伴分享了我的抱负。							

每周反思

_____

_____

_____

_____

_____

_____

你的使命宣言

高效能意味着你要为最重要的关系和责任付出努力，以确定你想留下什么样的功绩。

你的使命宣言确定了你最重视的价值和优先考虑的事项，那是你为自己设想的人生目的地。使命宣言能让你塑造自己的未来，而不是让你的未来受到他人或环境的左右。

你的个人使命宣言并不只是为你自己而写，你爱的人也可以借此了解到你的目标、价值观和愿景，并从中受益。

第 **11** 周

撰写个人使命宣言

检测表

本周	周一	周二	周三	周四	周五	周六	周日
1. 我思考自己想留下怎样的功绩，并写下了我希望在朋友、同事和家人心中留下何种形象。							
2. 我思考了自己为什么想要实现这些目标。							
3. 我每天花一个小时将精力集中在我工作的某一重要部分上，为所在组织的使命和愿景做出了贡献。							
4. 我对那些与我人生目标不一致的事情说了"不"。							
5. 我与一位人生导师讨论了我的目标，以及我现在可以做些什么事情，帮我努力实现目标。							
6. 我制订了一个行动计划并开始将其付诸实践！							
7. 我创建了一份个人预算。							

每周反思

第 **12** 周

完善并分享个人使命宣言

检测表

本周	周一	周二	周三	周四	周五	周六	周日
1. 我写下了我个人使命宣言的初稿。							
2. 我回想了对我的人生产生了最大的积极影响的人，并列出了遵循着自己人生使命宣言而活的人有哪些品质。							
3. 我想到了某次自己深受鼓舞的经历，我记下了这次经历，写下我觉得从中受到了鼓舞的原因。							
4. 我与信任的人（朋友或家人）分享了我的个人使命宣言，请他们帮我将其进一步完善。							
5. 我选择不将自己与他人作比较，只把自己的个人进展和目标作比较。							
6. 在做出行动之前，我思考自己为什么要做即将要做的事情。							

（续表）

本周	周一	周二	周三	周四	周五	周六	周日
7. 我做出的决定，是能助力我实现个人使命宣言的决定。对那些不能帮我进一步实现个人使命宣言的事情，我会拒绝。							

每周反思

_____

_____

_____

_____

_____

平衡自身角色

　　当你努力扮演好生命中的所有关键角色时，你有时会过分关注其中一个重要角色（通常是与工作有关的角色），从而失去平衡。例如，当你专注于在工作中保证效率时，你有时可能会忽视重要的人。

　　在接下来的两周里，你将平衡这些角色，重新思考你的部分人际关系。真正的高效能，源于你对他人的影响。

平衡自身角色

检测表

本周	周一	周二	周三	周四	周五	周六	周日
1. 我写下我在生活扮演的所有角色，确定了它们的优先次序。							
2. 我回顾了这些角色，选择了五个最重要的角色保留在清单之中。							
3. 我思考了自己是否过于沉浸某一个角色，从而对其他角色产生了不利影响。							
4. 我找出了一个可能被我忽视的重要角色。							
5. 我思考了我现在做出的选择将如何影响我的未来。							
6. 在做出行动之前，我考虑了行动可能产生的积极或消极后果。							
7. 我为一段重要关系写下了我的"以终为始"使命宣言。							

第 14 周

继续平衡自身角色

检测表

本周	周一	周二	周三	周四	周五	周六	周日
1. 我平衡了关爱自我的需求和维护重要关系的需求。							
2. 我一直在向对我很重要的人的情感账户中"存款"。							
3. 如果要向某人的情感账户存款，我首先寻求他们对情感存款的看法。我抱着同理心去聆听他们的想法，倾听并不是为了给出回答。							
4. 我主动选择在把事情说出来的时机，以及等到我们都准备好了再谈的时机。							
5. 我意识到了边界的存在。我确保身体接触/爱意表达是双方都能接受的。							
6. 我向他人提供帮助时的表现是值得尊重的。							
7. 我通过关注当下，将一段关系列为重点。							

每周反思

| 习惯三 |

要事第一

——决定优先顺序的习惯

"习惯一和习惯二是十分有必要培养的习惯，是习惯三的前提条件。如果不首先意识到积极主动的重要性，并培养自己的积极主动性，你就无法成为以原则为中心的人。如果你没有对自己能做出的独特贡献产生愿景和关注，你也不可能成为以原则为中心的人。但有了这些基础，你就可以通过践行习惯三，即实行高效能自我管理，日复一日，逐渐成长为以原则为中心的人。"

——史蒂芬·柯维

设定一个目标

　　习惯三是与个人管理和生活管理相关的习惯，即以你的目标、价值、角色和优先事项为基础而生活。什么是"要事"（first things）呢？要事指的是那些你认为最有价值的事情。

　　你的目标应该反映你最深刻的价值观、独特的才能和使命感。高效能目标可以为你的日常生活赋予意义和目的，还可以转化为日常活动。

第 **15** 周

设定一个目标

检测表

本周	周一	周二	周三	周四	周五	周六	周日
1. 我留出不受他人打扰的时间，用于制订计划。							
2. 我为本周设定了一些目标，还制定了本周行程表。							
3. 我确定了生活中的五大优先事项，还检查了我的每周行程表是否体现了这些优先事项。							
4. 我反思是什么阻碍了我去追求我想要的生活。							
5. 每天一开始，我都清楚地知道自己想要实现什么目标。							
6. 我思考了自己最具优势的长处是什么，以及如何在本周利用这一长处。							
7. 我持续记录了我为实现目标所采取的步骤。							

"（人们）越来越努力地攀登成功之梯，但最终却发现这架梯子靠着错误的墙。出人意料的是，这类事情相当常见。"

——史蒂芬·柯维

第 16 周

行动之前先定义结果

检测表

本周	周一	周二	周三	周四	周五	周六	周日
1. 我问自己："有什么事情是如果我经常去做，就会对我的生活产生巨大的积极影响的呢？"							
2. 我仔细思考并写下了五件使我感到真正快乐的事情。							
3. 我思考了对未来自己的期望——五年后、十年后、到了八十岁的时候，我会变成什么样子。							
4. 我在我的计划表中安排了为实现目标而需要做的活动。							
5. 我创建了一个我有能力真正完成的任务清单。我的清单是实际可行的，而不是不切实际的。							
6. 我找到了一个负责任的伙伴，并与他分享了我的计划。							
7. 我制订了一个计划，详细规划了我将如何开始做到将要事放在首位。							

每周反思

明智地利用时间

时间管理矩阵（Time Management Matrix）根据事务的紧迫性和重要性来确定其性质。

	紧急	不紧急
重要	**Ⅰ 必要事件** 危机 紧急会议 即将到来的截止日期 急需解决的问题 无法预见的事件	**Ⅱ 高效能事件** 积极主动地工作 重要目标 创造性思维 制订计划和采取预防性措施 建立人际关系 学习和更新 娱乐消遣
不重要	**Ⅲ 干扰事件** 不必要的打断 不必要的报告 无关紧要的会议 其他人的小问题 不重要的邮件、任务、电话、状态更新等	**Ⅳ 浪费时间的事件** 琐碎忙碌的工作 为了逃避而做出的事情 过度放松、花太多时间看电视、玩游戏、上网 浪费时间的事情 八卦

第一象限包括既紧急又重要的事情，需要立即关注并处理。每个人的生活中都有一些第一象限事务，但有些人却为这些活动所累。当

你是高效能人士时，你会将大部分时间花在第二象限事务上，这类事务涉及：

- 重要目标
- 创造性思维
- 计划和准备
- 建立人际关系
- 更新和娱乐

第三象限和第四象限事务是"时间强盗"，是那些从你身上偷走时间，但不会有任何回报的活动。

在每周开始之前，高能效人士都会花时间制订计划。你的目标、所扮演的角色和第二象限事务是你的"基石"——把它们放在首位，如此一来，那些不太重要的任务，我们可以称为"砾石"，就会围绕基石铺展开来。

当你在第二象限事务和当下所面临的压力二者之间抉择时，你的决定能显露出你的性格。当你的选择与你的使命、角色和目标相一致时，你就能实现高效能。

在接下来的几周里，你将学会如何排列事务的优先次序，以获得长期成功。当你把越来越多的时间用于处理第二象限事务时，你就能做到准备充分、做到积极主动、获得适当休息，你的第一象限事务自然会减少。

第 **17** 周

先做要事

检测表

本周	周一	周二	周三	周四	周五	周六	周日
1. 我了解四个象限事务，知道了事务紧急性与重要性的划分。							
2. 在每天开始的时候，我会使用时间管理矩阵，估计我在每个象限事务上会花多少时间。每天结束时，我记录下我在每个象限事务上所花费的时间。							
3. 我将我目前待办事项清单上的所有活动分别归类到适当的象限中。							
4. 我开始追踪记录我的任务，并将其归入四个象限。							
5. 我把一件第二象限事务（超高生产率）放在了新待办事项清单的首位。							
6. 在新待办事项清单的其余部分，我填上了我要做的所有第一象限事务（必要事件）。							

（续表）

本周	周一	周二	周三	周四	周五	周六	周日
7. 我确定了哪一个象限耗费了我最多时间，思考由此所产生的后果以及是否需要做出改变。							

每周反思

_____

_____

_____

_____

_____

_____

第 **18** 周

明智地利用时间

检测表

本周	周一	周二	周三	周四	周五	周六	周日
1. 我使用电子应用程序（或纸质计划）来规划我的生活。							
2. 我给我的任务进行了优先排序，为所有任务设定了完成日期。							
3. 我经常看我的待办事项清单，保持自己能掌握日常任务的进展。							
4. 我每天修改待办事项清单，拒绝那些自己不应该或不能做的事情。							
5. 我反思了最近发生的第一象限紧急事务，有哪些本可以通过做好准备而不必发生的。							
6. 我选择了一项可能对我的生活产生重大影响的第二象限事务活动，在本周安排了时间去做这件事。							

欢迎新老作者、读者
投 稿

如果您是：

1.喜爱写作并已有作品的学生；

2.有人生阅历、专业能力并已写有感悟总结的职场人；

3.经历丰富、事业有成，希望记录生命历程美好回忆的退休人员；

……

请将您写好的原创书稿，发送到以下投稿邮箱。编辑在审读后将与您联系。

投稿邮箱：tougao@cyb.com.cn

专业、先进，是我们的一贯主题；
出版极具影响力的图书，
影响有影响力的人，是我们的目标追求。

**期待与更多志同道合的人士合作，
共同创造价值。**

中国青年出版社
CHINA YOUTH PRESS
中青文传媒

（续表）

本周	周一	周二	周三	周四	周五	周六	周日
7. 在周末，我对本周进行了回顾，决定在哪些方面需要改进，并为下周设定目标。							

每周反思

_____

_____

_____

_____

_____

_____

第 **19** 周

工作在前，享乐在后

检测表

本周	周一	周二	周三	周四	周五	周六	周日
1. 在周末，我找到一个安静的地方，花20到30分钟的时间来制订计划。我将计划与我的使命、角色和目标联系起来。							
2. 我确定了事务的优先顺序，制定了行程表，并按照计划行事。							
3. 我反思了自己的角色，思考了本周我在每个角色中能做到的一两件要事。							
4. 我打扫并整理了我的空间。							
5. 我检查了我的银行账户，安排好膳食，还去购买了日常用品。							
6. 我计划好了使用社交媒体的时间，以避免时间冲突。							
7. 我为我的"个人电池"重新充电。我专注于积极的事情，放松下来，在适当的时间去睡觉。							

每周反思

_____

_____

_____

_____

_____

_____

第 20 周

要事第一

检测表

本周	周一	周二	周三	周四	周五	周六	周日
1. 我反思了是什么阻碍着我去铺设我的"基石"。							
2. 我将"时间强盗"和使我分心的事情列成一份清单，反思了当我屈服于压力、忽略了要事时，我有何种感受。							
3. 我与朋友和家人发展感情纽带，加强联系。例如，我花时间与我的另一半相处，或者读书给孩子们听，只是因为我想要这样做。							
4. 我定期安排保养我的房子或汽车。							
5. 我专注于可以激励鼓舞我实现自我提升的活动，如写书或制作有意义的艺术作品。							

（续表）

本周	周一	周二	周三	周四	周五	周六	周日
6. 我存钱进我的401（k）账户（美国退休福利计划下的账户）、储蓄账户、存单账户（Certificates of Deposits，相当于国内的定期存款账户）或美国个人退休账户（Individual Retirement Account）。							
7.我努力开展一份副业计划（希望这份副业最终能取代我的主业）。							

每周反思

_____

_____

_____

_____

_____

_____

从个人领域的成功到
公众领域的成功

　　大多数目标都是有挑战性的，要不然，你早就实现这些目标了！你的目标是什么？如果你拖延了你真正想达成的目标，你可能会变得很沮丧。

　　个人领域的胜利会出现在公共领域的胜利之前。回顾和研究一下你到目前为止所取得的成绩，记住之前的成熟模式图，找出你现在所处的位置。习惯一、习惯二和习惯三已经提升了你的自尊心和自律性，使你走到了独立期的个人领域成功这一环节。

　　在个人领域实现成功之后，习惯四、习惯五和习惯六将带领你在互赖期取得公共领域的成功。在互赖期，你养成的习惯将能帮你建立起丰富有益、富有成效的长久关系。

　　在接下来的几周里，在你学会信守对他人的承诺时，也要记得善待自己。不要进行消极的自我对话，庆祝每一次小胜利！

第 21 周

信守承诺

检测表

本周	周一	周二	周三	周四	周五	周六	周日
1. 我对自己的话负责，我没有把做出的任何承诺当作一件"也许"的事。							
2. 我专注于习惯一、习惯二和习惯三，以便能在工作和个人关系中更加游刃有余。							
3. 我在做出承诺时，说的是具体且现实的事情。我首先反思自己能够对什么事情做出真正的承诺，确保承诺没有超出能力范围。							
4. 我采取了短期措施，做了一些有助于我进一步完成个人使命的事情，哪怕只是一些小事。							
5. 我通过写日记来监测进展情况。							
6. 我承诺善待自己——不进行消极的自我对话——庆祝每一次小胜利！							

（续表）

本周	周一	周二	周三	周四	周五	周六	周日
7. 我想到了一个我至今仍未取得进展的重要目标，我思考了我为实现这个目标所能采取的最小行动。							

每周反思

维护情感账户

　　情感账户象征着一段关系中的信任程度，向情感账户中储蓄能够建立和修复信任，而从情感账户中提款则会破坏信任。你要确保自己了解对于每个人而言，有助于提升你们彼此间信任的"储蓄"是什么。

　　当你犯了错误或伤害了某人时，说声抱歉可以迅速恢复已经透支的情感账户。这需要勇气，但也是在能力范围之内的事情。

　　每个人都曾经因为别人不经意的言语或行为而受过伤害。当你做错事时，向他人道歉是十分重要的，而学会原谅别人也同样重要。有时，给犯错的人写一封宽恕信有助于你做到这一点。你不一定要把信寄出去，但把你的情绪写下来，让情绪存活在你的头脑和身体之外。通过为情绪注入生命，你承认了自身情绪的存在。

第 **22** 周

维护情感账户

检测表

本周	周一	周二	周三	周四	周五	周六	周日
1. 我履行了先前对某人做出的承诺。							
2. 我确定了可能疏于维护或不够重视的三段重要关系。我列出了我可以存入情感账户内的三笔"存款",列出了我需要避免的三笔"提款"。							
3. 我反思了为了确保更积极的平衡和更强劲的人际关系,我在未来可以采取什么步骤。							
4. 我向被我冤枉了的人道歉。我没有找借口为自己开脱,我想到了可以做什么事情来弥补所造成的伤害。							
5. 我制订了一份计划表,为我最重要的事情和关系(我的"基石")划出了时间。							
6. 在这一周,我每一天都随机为朋友、同事或家人做一件善事。							

（续表）

本周	周一	周二	周三	周四	周五	周六	周日
7.我反思了一段关系，即需要许多"存款"来弥补我此前大额"提款"的一段关系。我为如何恢复信任制订了计划。							

每周反思

_____

_____

_____

_____

_____

_____

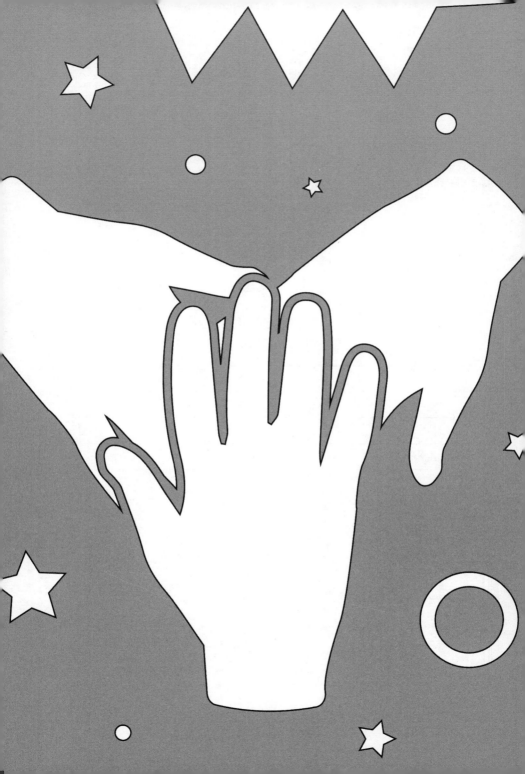

双赢思维

——决定互惠互利的习惯

"双赢思维是一种在所有人类互动中不断寻求互利的心态和胸怀……双赢思维将生活看作一个合作的舞台，而非角斗场。"

——史蒂芬·柯维

当你是高效能人士时,你会同样重视别人的成功和自己的成功。你会花时间来确定什么是你的成功,什么是他人的成功。双赢还有一个更高雅的表述:不能双赢就好聚好散。好聚好散意味着如果你不能找到一个对双方都有利的解决方案,那就接受分歧,好聚好散(放弃交易)。当你心中有"好聚好散"这个选项时,你会感到自己得到了解放,因为你不需要为了推动你的议程,或力争你想要的东西,费尽心机去操纵他人。你可以持开放心态,尝试了解他们立场背后的深层次原因。

双赢是一种生活态度,是一种"我可以赢,你也可以赢"的心理框架。双赢不是非此即彼,而是事关双方。双赢始于这一信念:每个人生而平等,没有人比其他人更差,人与人之间也不一定要分出个输赢。生活不是竞争,即便在商业界、体育界和学校中,竞争无处不在。

如果一种关系不是双赢关系,它还值得维系吗?选择一段可以从双赢思维中受益的重要关系,写下你和对方所收获的成功。如果不知道他们会把什么事情认为是成功,就大胆问他们!

实现共赢

想想你对生活的基本态度，其底层思维是损人利己（赢/输）、舍己为人（输/赢）、两败俱伤（双输），还是利人利己（双赢）？这种态度对你本人、你的生活和幸福产生了什么影响？

在接下来的两周里，每当你身处涉及双方的局面时，想想你们如何都能从中受益。想一想，"我怎样才能帮到这个人"以及反向思考"这个人怎样才能帮到我"。

第 23 周

兼顾他人与自己的成功

检测表

本周	周一	周二	周三	周四	周五	周六	周日
1. 我反思了那些我认为不大可能双赢的关系。							
2. 我确定了生活中我经常忍不住去攀比的两个领域。我思考了为什么我觉得有必要和别人进行比较，以及我可以做些什么尽量减少这一需要。							
3. 我思考自己是否身处任何损人利己或舍己为人关系之中。							
4. 如果我处于损人利己的关系中，我归纳了我可以做些什么事情，使这一关系升华成双赢关系。							
5. 我反思了自己可以采取哪些步骤，以预防在未来身陷一段舍己为人的关系。							
6. 我在所有场合都会问"这对我们有什么好处"，而不是问"这对我有什么好处"。							

（续表）

本周	周一	周二	周三	周四	周五	周六	周日
7.我反思自己是否为他人的成功感到高兴。如果没有做到这一点，我就找机会祝贺别人取得的成就。							

每周反思

_____

_____

_____

_____

_____

_____

第 **24** 周

继续兼顾他人与自己的成功

检测表

本周	周一	周二	周三	周四	周五	周六	周日
1. 我反思了那些我认为不大可能双赢的关系。							
2. 我确定了生活中我经常忍不住去攀比的两个领域。我思考了为什么我觉得有必要和别人进行比较，以及我可以做些什么尽量减少这一需要。							
3. 我思考自己是否身处任何损人利己或舍己为人关系之中。							
4. 如果我处于损人利己的关系中，我归纳了我可以做些什么事情，使这一关系升华成双赢关系。							
5. 我反思了自己可以采取那些步骤，以预防在未来身陷一段舍己为人的关系。							
6. 我在所有场合都会问"这对我们有什么好处"而不是问"这对我有什么好处"。							

（续表）

本周	周一	周二	周三	周四	周五	周六	周日
7.我反思自己是否为他人的成功感到高兴。如果没有做到这一点，我就找机会祝贺别人取得的成就。							

每周反思

_____

_____

_____

_____

_____

培养富足心态

当你有**富足心态**（Abundance Mentality）时，你不会因为别人的成功而感受到威胁，因为你对自我价值有信心。

匮乏心态（Scarcity Mentality）会让你陷入攀比、争强好胜，经常觉得受到他人威胁，无法与他人开展合作，谋求最大胜利。匮乏心态的迹象可能包括：认为某种情况会永远存在（例如，"没有……我就不行了"）；使用匮乏的思维和话语（例如，"我的钱不够多"或"我不能这样做"）；嫉妒他人，难以为别人的成功感到开心（例如，"我不认为他们有那么伟大"）；难以做到慷慨大方，或觉得难以做到与他人分享信用、认可、权力和利润（例如，"他们可以像我一样找到自己的方法"）；过度放纵。如果心态匮乏，你可能也难以发扬团队精神，因为你认为意见分歧是不忠诚的表现。

在接下来的两周里，反思一下匮乏心态在哪些方面妨碍了你取得最佳成果。

第 **25** 周

培养富足心态

检测表

本周	周一	周二	周三	周四	周五	周六	周日
1. 我列出了我在生活中存在匮乏心态的领域，思考这一心态可能源自何处。							
2. 我反思了自己是否真的相信人人都可以是赢家。							
3. 我没有与他人进行比较，而是赞美了自己和他人的长处。							
4. 我与他人分享资源，认识到我周围的无限可能性。							
5. 我问自己："我怎样做才能付出的比预期的更多？我怎样才能为他人服务？"							
6. 我开始认清自己的想法，注意我所说的话。							
7. 当我在一段关系中遇到障碍时，我提醒自己"与人相处时，慢就是快，快就是慢"，并给这段关系留出思考和处理的时间。							

每周反思

第 26 周

继续培养富足心态

检测表

本周	周一	周二	周三	周四	周五	周六	周日
1. 我抱有感恩之心。							
2. 我培养并分享自己的激情、目的和知识。							
3. 我主动帮助他人，滋养他们的能量。							
4. 我专注于保持自信开放的心态、采取灵活的态度、保持求知欲。							
5. 我怀有远大志向，愿意接受风险。							
6. 我赞美/认可他人。							
7. 我继续反思双赢的意义。							

每周反思

平衡勇气与体贴

高效能意味着要有勇气，愿意以尊重的态度说出自己的想法。这也意味着要考虑周到，愿意以尊重的态度寻求和倾听他人的想法和感受。

在某些关系中，你是否勇气不足或考虑欠妥？你正在为此付出什么代价？

拥有双赢思维的人在"敢做敢为"和"善解人意"之间实现了平衡，他们承诺会努力使双方受益。他们也认识到，能在公开场合或在私下做出这一承诺，其本身就是一个重大胜利。当你慷慨地分享信用时，你可以建立信任并加强关系。

在接下来的几周里，思考一下在哪些情况下，你需要表现得更加善解人意。要注意，不要打断别人说话，而是要承认别人的长处，确保每个人都有机会发声。继续以双赢思维来进行思考。

第 27 周

平衡勇气与体贴

检测表

本周	周一	周二	周三	周四	周五	周六	周日
1. 我选择了一个我想鼓起更大勇气去解决的问题。我写下了想表达的观点，并在脑海中将对话可视化。							
2. 我与信任的人就一次有难度的对话进行了练习，使用了"我认为"和"这就是……的原因所在"等陈述。							
3. 我自信地分享了自己的想法和意见。							
4. 我清楚地知道自己想表达什么。							
5. 在对话中，我关注事实，而不是情感。							
6. 在谈话中，我注意了自己的肢体语言和口头语言。							
7. 我等待合适的时机来进行一次严肃谈话。							

每周反思

_____

_____

_____

_____

_____

_____

第 **28** 周

继续平衡勇气与体贴

检测表

本周	周一	周二	周三	周四	周五	周六	周日
1. 我清楚为什么我的意见是重要的，我提醒自己："你能在这里有一席之地，是有原因的。"							
2. 我在一个低风险的环境中培养技能，帮助我建立信心和信誉。							
3. 我会停下来，深呼吸，以此保持冷静。							
4. 我会为他人发声。							
5. 在鼓起勇气争取我想要的东西和考虑别人想要什么东西之间，我实现了平衡。							
6. 我有同理心，且勇气十足，在考虑到对方的想法和感受的前提下，我说出了需要说的话。							
7. 我培养了富足心态。							

每周反思

_____

_____

_____

_____

_____

_____

第 **29** 周

实现共赢

检测表

本周	周一	周二	周三	周四	周五	周六	周日
1.我继续以双赢思维进行思考。							
2.我选择了一段可以从双赢思维中获益的关系。我写下了我认为对另一方而言意味着成功的事情（或者问他们），也写下了对我而言意味着成功的事情，最后提出了一个双赢协议。							
3.当冲突出现时，我寻求第三种选择。							
4.我想到了一个即将发生的情况：我即将与另一个人达成协议，或就一个解决方案达成一致。我告诉对方，我想找到一个对彼此都有利的解决方案，并愿意一起努力实现这一目标。							
5.我回想那些与我有过互动的人，找到了在构思双赢协议方面非常突出的榜样。我向这些榜样学习。							

（续表）

本周	周一	周二	周三	周四	周五	周六	周日
6.我感谢了最近帮助我完成某项工作的人。							
7.我找到了值得称赞的人，因为他们做了某些事情或帮助我实现了目标。我在私下或在公开场合承认了其贡献。							

每周反思

_____

_____

_____

_____

_____

第 30 周

双赢思维

检测表

本周	周一	周二	周三	周四	周五	周六	周日
1. 在用双赢思维思考的同时，我在价值观上做到坚定不移，在小事上采取灵活态度。							
2. 我寻求和提供反馈——关于想法、方法、行为以及任何可以帮助我们获得更好的解决方案、结论和关系的东西。							
3. 我确定了想要实现的结果（但还没有决定为了实现这些结果而使用的方法）和最后期限。我描述了成功或失败所带来的积极后果和消极后果。							
4. 我解释了决定结果能否实现的影响因素，尽可能直截了当地警告潜在陷阱的存在。我列出了可用的资源，包括在人力、技术、组织、资金方面的资源。							
5. 通过设定标准和设置检查，我建立了问责制。							

（续表）

本周	周一	周二	周三	周四	周五	周六	周日
6. 我试图从对方的角度来理解这个问题，重申他们的担忧，以充分了解他们的目标和担忧。							
7. 我说出了双方心中最重要的问题和担忧，客观地描述了这些事情，找到了让双方都满意的结果。我还确定了可以实现这些结果的第三种选择（超越了任何一方的主张）。							

每周反思

_____

_____

_____

_____

_____

_____

知彼解己

——决定互相理解的习惯

"当你真正从另一个人的角度出发，倾听他人的意见，并将这份理解反馈给他们，这就像是在给他们提供情感氧气。"

——史蒂芬·柯维

练习有效沟通

用同理心倾听对方意见，这意味着要抓住对方的核心问题，无论你是否同意对方观点。当以同理心去聆听他人意见时，你是抱着理解对方的意图去聆听，通过反射感情和语言来回应对方。

同理心倾听（Empathic listening）能进入另一个人的价值框架。你可以通过这一框架向外看，以他们的方式看世界，理解他们的思维和感受。同理心倾听的本质不在于要同意某人的观点，而是在情感和理智上充分深入地理解这个人。你专注于接收来自另一个灵魂的深度沟通。

同理心倾听本身就是给情感账户存入大笔存款，具有很好的疗愈和修复效果，因为此类聆听相当于给人提供了"心理空气"，而人类的心理需求仅次于身体生存需求。这种对"心理空气"的需求影响着人在生活中各个领域的沟通。一旦你满足了这种重要的需求，你就可以专注于影响或解决问题。

自传式回应（Autobiographical listening）是将你自己的事情当作滤网，过滤别人所说的内容。你没有把注意力放在说话者身上，而是等着机会去插话，发表你的观点。

在同理心倾听中，你没有投射你的自身经历、假设、感情、动机和解读，而是关注另一个人在头脑和内心中所想的实际情况。你倾听他人是为了理解对方。

当情绪激动时，专注于你的沟通意图。不要担心自己是否能做出正确反应。同理心倾听需要活到老学到老。

想一想，当有人以理解和尊重之心倾听你说话时，你会作何感想？

在接下来的几周里，打开你的心扉，练习同理心倾听。你会对你学到的东西感到惊讶。

第 **31** 周

先聆听再表态

检测表

本周	周一	周二	周三	周四	周五	周六	周日
1. 我练习了同理心倾听。							
2. 我审视自己的行为，尽量不插话，不给建议，也不评判他人。							
3. 我努力让身边的人感受到我真的理解他们。							
4. 我询问身边的人，他们是否觉得我能理解他们。							
5. 我通过反映他人的感受及其传达的信息，练习倾听技巧，以便理解他人。							
6. 我真正倾听了所爱之人的讲话。							
7. 在一次双方情绪都变得激动的谈话中，我停下来，向对方表示我将以同理心倾听与他对话。							

每周反思

第 32 周

练习同理心倾听

检测表

本周	周一	周二	周三	周四	周五	周六	周日
1. 我继续练习倾听技巧，以便理解他人。							
2. 我确定了一个我经常忽视或不仔细听他讲话的人。我简单地问了他一句"最近还好吗"，然后花时间去聆听他。							
3. 我意识到自己并不总是能给出正确答案。							
4. 我花时间充分了解了一个情况，这让我有了最充裕的时间来减少误解，对情况有了清楚的认知，并提出了更好的问题。							
5. 除了用耳朵去倾听，我还通过观察身体语言，用眼睛去"倾听"。							
6. 我倾听别人的想法和感受，并试图从他们的角度出发看问题。							

（续表）

本周	周一	周二	周三	周四	周五	周六	周日
7.作为聆听者，我会看着说话者的眼睛。							

每周反思

_____

_____

_____

_____

_____

_____

第 **33** 周

避免自传式回应

检测表

本周	周一	周二	周三	周四	周五	周六	周日
1. 我继续练习倾听技巧，以便理解他人。							
2. 我在聆听他人时，真正的意图是理解，而不是回应。							
3. 我在聆听他人时，没有在脑海中提前形成一个回答，也克服了打断他人的冲动。							
4. 我听别人说话时没有插话，践行了十秒法则。							
5. 为了看到学习别人观点的价值，而不仅仅是我自己的价值，我在聆听他人前检查了我的自尊心。							
6. 我让自己先不要评判他人分享的内容，做到不带偏见聆听。							
7. 我问了一些有助于澄清情况的问题，能不时地对谈话进行总结，表示我真正参与了谈话。							

每周反思

第  周

先寻求理解他人

检测表

本周	周一	周二	周三	周四	周五	周六	周日
1. 我继续练习倾听技巧，以便理解他人。							
2. 当我有机会观察人们交流时，我捂住耳朵观察了几分钟。我寻找那些不能单独用语言表达的情感。							
3. 我花时间了解其他文化。							
4. 我听了关注有效沟通的一本有声读物或播客节目。							
5. 我练习了反映式倾听。							
6. 我提出了相关问题，表明我在认真倾听。							
7. 当与对方的交流中包含了对我的批评时，我选择只听不回应。							

每周反思

_____

_____

_____

_____

_____

_____

寻求理解

寻求他人理解是有效沟通的第二部分。一旦你确信别人已经感受到你对他们的理解，你就能以尊重的态度和清晰的方式分享你的观点，并期望获得他人的理解。

在接下来的几周，你将练习有效沟通。

记住，要在数字世界中实现有效沟通，需要运用与面对面沟通相同的目的和技能。其挑战往往在于如何通过媒体阅读和转达沟通意图。

第  周

寻求他人理解

检测表

本周	周一	周二	周三	周四	周五	周六	周日
1. 我练习用一种能表明我理解对方的方式说话。							
2. 我试图清楚地分享我的观点。							
3. 对于我即将要进行的演讲或说服性谈话，我做了积极准备。							
4. 我为需要开展的高难度对话做了积极准备。							
5. 在传达与一个新话题相关的信息时，我会避开那些可能会偏离我想要表达的观点的细节信息。							
6. 我在交谈中衡量了参与度和兴趣程度。我确保与我交谈的人都参与到对话当中，并对我所讲的内容感兴趣——这是保证他们能吸收和记住信息的唯一途径。							
7. 我将自己的倾听经验分享给了我认为可能从中受益的人。							

每周反思

_____

_____

_____

_____

_____

_____

第 **36** 周

继续寻求他人理解

检测表

本周	周一	周二	周三	周四	周五	周六	周日
1.我清楚地说明了我的意图。我的表述很明确。							
2.我在表达自己的感受之前，思考了其他人的感受和语言。							
3.在短信、电话和电子邮件对话中，我找到了能实现同理心倾听的其他方法。							
4.我仔细阅读了对方发来的交流内容，然后深呼吸，再读了一遍。							
5.在读完一封令人不适或充满批评的电子邮件后，我写了回信，然后先将其放在邮箱里一两个小时。之后，我又回来检查，看看这些文字是否仍然反映了我的感受和想说的话。							
6.如果在电子邮件或短信交流中，我的情绪变得激动，我会请一位值得信赖的同事来审查我的回应，给我反馈。							

（续表）

本周	周一	周二	周三	周四	周五	周六	周日
7.我在电子邮件交流中避免使用会触发某些行为的词和标点。							

每周反思

_____

_____

_____

_____

_____

第 **37** 周

练习有效沟通

检测表

本周	周一	周二	周三	周四	周五	周六	周日
1. 我怀着勇气和对听众意见的考虑，向他们发表了我的意见。							
2. 我选择了恰当的沟通媒介。							
3. 我进行了精简和简化，在必要时，使用具体的文字和视觉辅助工具。							
4. 我注意自己的身体语言。我一直关注自己的身体姿态、手摆放的位置、手势和面部表情。							
5. 我录制自己的讲话并回放，以此来检查自己的声音。							
6. 我练习坚定的表达，仔细斟酌用词，以便使我的意图和传递的信息变得恰当。							
7. 我在镜子前、在宠物狗面前，或在公共汽车上练习对话。							

每周反思

_____

_____

_____

_____

_____

_____

统合综效

——决定创造性合作的习惯

"当你进行统合综效的沟通时，你向新的可能性、新的替代方案、新的选择敞开了思想和胸怀，接纳了与之相关的表达。首先，你需要相信，参与的各方将获得更多的深刻见解，此后，这种相互学习和深刻见解会让人感到兴奋感，这将产生动力，推动你收获越来越多的真知灼见、学习经历和成长体验。"

——史蒂芬·柯维

简单而言，统合综效意味着"人多智谋广"。习惯六是创造性合作的习惯，涉及了团队合作和开放思想，还包括为了帮老问题找到更好的新方法的冒险。

重视差异是统合综效的基础。当你重视和拥抱差异性，而不是拒绝差异性，或是仅仅容忍其存在时，你就能实现高效能。你把他人的不同之处看作优点，而非缺点。

你的思维往往会认为自己才是客观的一方，其他人则是主观的一方。高效能要求你表现出谦逊，承认你的认知局限性。

在接下来的几周，你有很好的机会，可以通过接受他人的经验、观点和智慧，从中获得成长。差异性可以成为学习的源泉，而不是冲突的来源。

第 **38** 周

人多智谋广

检测表

本周	周一	周二	周三	周四	周五	周六	周日
1. 我质疑了自己"独来独往"的心态，反思自己在哪些关系中只是容忍差异的存在，而没有接受和重视差异性。							
2. 我选择了一个我关心的政治或社会问题。我把个人观点放到一边，找到几个人来讨论他们的观点。我倾听他们的讨论，以求理解他们的观点。							
3. 我找出与我意见相左的人，列出了他们的优点。							
4. 我了解了工作伙伴和生活伴侣的独特优势，我提醒自己，向对方的长处学习是饱含潜力的事情。							
5. 我努力站在别人的角度去思考，思考如何重视差异。							

（续表）

本周	周一	周二	周三	周四	周五	周六	周日
6. 我在互动中检查自己的动机，放下了对正确的执着。相反，我思考我可以从那些与我意见相左的人身上学到什么。							
7. 我带着好奇心接近与我不同的人，因为我认为自己可以从他们身上学到东西，他们也可以从我身上学到东西。							

每周反思

_____

_____

_____

_____

_____

_____

第 39 周

重视差异

检测表

本周	周一	周二	周三	周四	周五	周六	周日
1. 我为创建一个积极的工作环境做出了贡献，在这个环境中，即使存在差异，大家也重视对每个人的尊重和包容。							
2. 我在一个中立的地方与人进行私人面谈，讨论了会让人感到不自在的话题。							
3. 在所有的互动中，我努力创造合适的氛围，为发展出沟通文化做出贡献。我愿意学习不同的观点，或者学习不同的做事方式。							
4. 我列出了存在于我人际关系中的一些差异性（如年龄、政治、风格、宗教等），写下我可以做些什么事情，以便更好地重视差异性。随后，我邀请人们参与讨论、友好辩论和交流。							

（续表）

本周	周一	周二	周三	周四	周五	周六	周日
5. 为了确保我的言行一致，我试图代入那些看法可能与我不同的人的视角，用他们的眼光看待我的行为。							
6. 我面对着一种根深蒂固的恐惧，这种恐惧可能会导致我厌恶那些与我想法不同的人。							
7. 我花了不少时间与那些意见与我相左的人相处，积极努力找出我的哪些假设观点是不准确的。							

每周反思

_____

_____

_____

_____

_____

_____

第 **40** 周

继续重视差异

检测表

本周	周一	周二	周三	周四	周五	周六	周日
1. 我很有耐心，因为我始终记得"用蜂蜜比用醋能抓到更多苍蝇（比起疾言厉色，与人为善往往更有效）"这句话。							
2. 我保持冷静和开放心态，使用第一人称"我"进行叙述，避免互相指责。							
3. 我直奔主题，将手头的问题说清楚，以避免产生混乱（混乱会滋生沟通不畅）。							
4. 我用客观数据支撑我的观点。							
5. 我保持开放心态，审视自我，不预设对方的观点是错误的。我力求理解对方的实际情况，尽我所能地代入他们的视角去理解其想法，即使我不同意他们的观点。							
6. 我培养好奇心、提出问题，试图找到共同点，特别是共同的价值观。							

（续表）

本周	周一	周二	周三	周四	周五	周六	周日
7. 我仔细聆听并提出开放式问题，确保我不是要改变对方想法、羞辱他们，或是向他们证明他们错了。							

每周反思

_____

_____

_____

_____

_____

_____

第 **41** 周

统合综效

检测表

本周	周一	周二	周三	周四	周五	周六	周日
1. 我真心赞扬他人做出的贡献。							
2. 我询问别人的长处是什么，然后利用这些长处来改进某个项目。							
3. 我战略性地思考谁在一直附和我，然后试着与其他不同态度的人建立联系。							
4. 当听到别人的意见时，我努力让自己不去找他们错在哪里，而是去找他们做对了的地方。							
5. 我列出一份让我恼火的人的名单。如果我内心更自信，并重视双方差异性，他们是否代表着可以促成统合综效的不同观点?							
6. 当我与某人发生分歧或摩擦时，我试图理解在此人立场背后的顾虑。							

（续表）

本周	周一	周二	周三	周四	周五	周六	周日
7. 当我有不同意见或与对方起冲突时，我以有创造性和互惠互利的方式解决了这些问题。							

每周反思

_____

_____

_____

_____

_____

消除障碍

你不必只靠自己想出所有问题的解决方案。当你在处理一个问题时，统合综效可以让你看到你自己永远也想不到的想法。

如果你在处理问题时愿意寻求统合综效，你就可以想出新方法来解决问题。

统合综效取决于你寻求第三种选择的意愿。第三种选择不仅限于"我的方式"或"你的方式"，它是一种更高明、更优秀的方式，是如果单靠自己，任何一方都不会或不可能单独想出的方法。

达成一个双赢协议只需问一句"在这种情况下，我们如何才能实现双赢"。你所寻找的是第三种选择，这一选择要优于你单独创造的任何东西。

你身边的人各有各的长处，但你往往没能利用这些优势。

第 **42** 周

消除障碍

检测表

本周	周一	周二	周三	周四	周五	周六	周日
1. 我仔细琢磨了一个问题，当我想到要独自面对这个问题时，似乎无法将其克服。我找到一个人（或一个小组）来讨论我所面临的问题，并花时间进行头脑风暴。							
2. 我寻求别人的想法来解决问题，因为我知道，通过彼此合作，我们可以构思出比任何一方单独行动更好的解决方案。							
3. 我反思了有哪些障碍经常阻碍我实现目标。							
4. 我想到了一个可以从第三种选择中受益的问题，然后研究了一些想法。							
5. 我变得能注意到其他人在做什么，赞扬他们的努力，承认他们的成功，鼓励他们实现自身追求。							

（续表）

本周	周一	周二	周三	周四	周五	周六	周日
6. 我注意到自己的戒备心会在什么时候变得很强，请他人对我的行为给出反馈。							
7. 我格外努力与他人合作。							

每周反思

_____

_____

_____

_____

_____

_____

继续消除障碍

检测表

本周	周一	周二	周三	周四	周五	周六	周日
1. 我想到了我正在努力实现的一个目标。我确定了目前是在哪一个环节止步不前及其背后原因,然后找人来帮助我集思广益,以克服这些障碍。							
2. 我找到了能挑战和激励我的人,花时间与他们一起合作。							
3. 我列了一份清单,写下我可以做什么事情,以便在生活中更好地利用其他人的长处。							
4. 我列出了我所有密友、家人和同事的长处,将这些长处与我所面临的挑战相匹配。							
5. 当我注意到自己一直在独立完成一个项目时,我花了一点时间与其他人分享我的工作(即使项目仍在进行中)。我征求了他们的意见,然后倾听他们的意见,我的意图是寻求理解,而不是回应。							

145

（续表）

本周	周一	周二	周三	周四	周五	周六	周日
6. 当我与一位同事合作推进一个新项目时，我们同意探索不同方法，对新的可能性持开放态度。							
7. 我认识到随着第三种选择而来的感觉：新的活力，兴奋，一种关系已经发生转变的感觉，以及确信等我们结束时，我们想出的点子会优于任何一方单独想出来的点子。							

每周反思

不断更新

——决定自我提升的习惯

"习惯七在于保护和提升你所拥有的最重要的资产——你自己。该习惯是在你天性的四个层面，即身体层面、智力层面、精神层面和社会/情感层面力争提升自我。习惯七围绕着成熟模式图上的其他习惯展开，因为它是使你有可能培养出其他所有习惯的习惯。"

——史蒂芬·柯维

四个层面

常规性地花时间提升自己的身体、智力、精神和情感能力，这是培养出七个习惯的关键所在。

- 身体层面：这包括照顾你的身体——饮食健康，休息充分，定期锻炼。

- 智力层面：一旦离开学校，许多人就会让自己的头脑退化。但是，持续学习对提升智力是至关重要的。你可以用多种方法学习，在不同的地方学习，学习并非仅限于学校。

- 精神层面：这是生活中的私密一面，也是一个极其重要的领域。在这一层面的提升，需要利用能激励和振奋你的力量源泉。

- 社会/情感层面：你的情感生活主要（但不仅限于）通过你与其他人的关系获得发展。

在接下来的几周里，你每天都要花时间提升自己的身体、智力、精神和情感能力。

第  周

关注自我提升

检测表

本周	周一	周二	周三	周四	周五	周六	周日
1. 我写下我目前每天的例行日程，反思我可以改进的地方。							
2. 我采用了一种活到老学到老、不断提升自我的心态。							
3. 我积极思考为了明天的成长，我现在可以采取哪些步骤。							
4. 我改变了目前自我提升的方式，把我的目标重新调整为一种更全面的生活方式。							
5. 我列出了一份活动清单，这些活动可以帮助我保持良好的身体状态，适合我的生活方式，并且可以长期享受下去。							
6. 我还列出了一份类似清单，写下了我在精神和智力方面的提升活动。							
7. 在社会/情感层面，我列出了想要改善的关系。							

每周反思

_____

_____

_____

_____

_____

_____

第 **45** 周

继续关注自我提升

检测表

本周	周一	周二	周三	周四	周五	周六	周日
1. 我研究了可以加强我的力量和韧性的方法。							
2. 我选择了一种增强身体素质的方法。例如，我开始每天多花20分钟来步行。							
3. 我选择了一种方法来培养精神力量。例如，我花时间走进大自然、听音乐或创作音乐、在社区做志愿者、参加传统活动。							
4. 围绕着我的价值观，我反思是什么激励和鼓舞了我。							
5. 我完善了我的个人使命宣言。							
6. 我花时间与家人和朋友在一起。							
7. 通过在大自然中散步，我将身体和精神的目标结合起来，并在内心对散步中遇到的事物有意识地表达感激之情。							

每周反思

第 46 周

关注社会/情感层面的提升

检测表

本周	周一	周二	周三	周四	周五	周六	周日
1. 我思考如何增强我的社会/情感能力。							
2. 我邀请了一个近期没有联络的朋友一起共进晚餐。							
3. 我策划并参加了一个家庭游戏之夜。							
4. 我帮助家里的每个人制定了一个本周目标。							
5. 我和一位家庭成员一起阅读。							
6. 我原谅了某人。							
7. 我反思了在哪些地方我需要原谅自己。							
8. 我花时间寻找有意义的方法来帮助别人。							

每周反思

_____

_____

_____

_____

_____

_____

为自己留出时间

自我提升是第二象限事务。我们必须积极主动，才能使之成为现实。

在接下来的几周里，记得要驯服科技。大多数紧急事件都出自你的电子设备。你可能觉得回复每条信息是很有成效的事情，但大多数情况下，你是在允许自己分心。

第  周

为自己留出时间

检测表

本周	周一	周二	周三	周四	周五	周六	周日
1. 我读了一本好书，听了一个振奋人心的播客，和/或看了一个演讲视频。							
2. 我小睡了一会儿，用精油泡了个热水澡放松，打坐或听舒缓人心的音乐，练习了一个呼吸技巧。							
3. 我准备了一顿健康营养的饭，自己做了果汁，或喝了一杯花草茶。							
4. 我放了一些欢快的音乐，跳起舞来。							
5. 我看了有趣的猫咪视频，或与我的宠物玩耍。							
6. 我给一位朋友打电话，只为开怀一笑，而不是为了发泄情绪。我给家人打电话、发短信或发电子邮件，彼此叙旧。							
7. 我把手机关机了。							

每周反思

_____

_____

_____

_____

_____

_____

第  周

继续为自己留出时间

检测表

本周	周一	周二	周三	周四	周五	周六	周日
1. 我做了深呼吸练习。							
2. 我去散步或游泳，做高耐力锻炼，或者做平静的瑜伽运动。							
3. 我看了一些激励人心的名人名言，或写了一些积极的话语。							
4. 我写日记，或是通过成人涂色绘本来放松。							
5. 我给未来的自己手写了一段积极的留言。							
6. 我规划了梦想中的假期。							
7. 我给生命中重要的人写了感谢信。							

每周反思

_____

_____

_____

_____

_____

第 **49** 周

驯服科技

检测表

本周	周一	周二	周三	周四	周五	周六	周日
1. 我反思自己有没有在使用科技产品时，牺牲了我最重要的目标和关系。							
2. 为了减少科技的干扰，我在处理我的"基石"事务时关闭了提醒功能，关闭了电子设备，或者我留出一段时间，其间不查看社交媒体信息。							
3. 我做出（并遵守）承诺，绝不让我的电子设备打断对话。							
4. 我不把电子设备带进卧室。							
5. 我使用老式的闹钟，这样，手机就不会是我早上伸手去拿的第一件物品。							
6. 我每天都规划出一段无须使用电子设备的时间。在这段时间里，我完全关闭了手机。							
7. 我下载了一些应用程序来帮我管理个人财务。我将相关信息添加到程序中，在线做预算。							

每周反思

_____

_____

_____

_____

_____

_____

第 50 周

继续驯服科技

检测表

本周	周一	周二	周三	周四	周五	周六	周日
1. 我继续驯服科技——删除不必要的程序，并把其他程序按类别分组整理好。							
2. 我全身心参与到对话之中——关闭屏幕，关掉手机。							
3. 我花了一周的时间戒掉电子产品成瘾，即在整整一周内，不使用个人社交媒体。							
4. 我注销了不必要的账户或取消了电子邮件订阅，将其他人的消息静音或取消关注，离开了聊天群组。							
5. 我每天规划时间来查看和回复邮件。							
6. 我把每天的行程都安排得满满的，没有多余的时间去上网。							
7. 我在我的社交媒体上屏蔽或拉黑了散布仇恨的用户或会吸食他人能量的用户。							

每周反思

_____

_____

_____

_____

_____

_____

第 **51** 周

不断更新

检测表

本周	周一	周二	周三	周四	周五	周六	周日
1. 我反思有哪些紧急事件挤占了我提升自我的时间，如收到的电子邮件、同事那过山车般的情感生活、办公室的八卦等。							
2. 我为自己留出了30分钟。我找到了一种解压活动，并在事后反思它给我的感觉。							
3. 我为自己感恩的事情列出了一份清单。							
4. 我有了小小的梦想，制定了一份涵盖生活四个层面的目标清单。							
5. 我列出了让我觉得活着很幸福的事情、人、地方和事件，思考如何在我的生活中增加这些事物。							
6. 我对自己表现出同情。							
7. 我在日历上写下我的目标，抽出时间来提升自己。							

每周反思

_____

_____

_____

_____

_____

_____

第 **52** 周

自我评估

重新进行自我评估，并与此前的自我评估进行比较。

七个习惯®信息表：七个习惯的自我评分表

评估方法：

阅读每一句话，然后根据自己的判断，圈出能代表你在以下各个习惯中表现的数字。

第一组	非常 不好	不好	一般	好	非常好	特别 优秀
1. 我待人和蔼，体谅他人。	1	2	3	4	5	6
2. 我信守承诺。	1	2	3	4	5	6
3. 我不在别人背后说他的坏话。	1	2	3	4	5	6

此组总分：☐

（续表）

第二组	非常不好	不好	一般	好	非常好	特别优秀
4. 我能在生活的各个方面（工作、家庭、友谊等）保持适当的平衡。	1	2	3	4	5	6
5. 当我忙于某个项目时，总是想着雇主的需求和利害关系。	1	2	3	4	5	6
6. 我努力工作，但绝不把自己累得筋疲力尽。	1	2	3	4	5	6

此组总分：☐

第三组

	非常不好	不好	一般	好	非常好	特别优秀
7. 我能掌控自己的生活。	1	2	3	4	5	6
8. 我把注意力集中于我能做的事情上，而不是我无法控制的事情上。	1	2	3	4	5	6
9. 我为自己的情绪和行为负责，而不是埋怨环境、责备他人。	1	2	3	4	5	6

此组总分：☐

第四组

	非常不好	不好	一般	好	非常好	特别优秀
10. 我知道自己在生活中想要追求什么。	1	2	3	4	5	6
11. 我的生活和工作井然有序，很少陷入危机。	1	2	3	4	5	6
12. 我在每周开始时都会制订一个清晰的计划，注明我想完成的事情。	1	2	3	4	5	6

此组总分：☐

（续表）

第五组	非常 不好	不好	一般	好	非常好	特别 优秀
13. 我能自律地执行计划（避免拖延、浪费时间等）。	1	2	3	4	5	6
14. 我不让日常琐事埋没了真正重要的事务。	1	2	3	4	5	6
15. 我每天所做的事情是有意义的，有助于实现我生活中的目标。	1	2	3	4	5	6

此组总分：☐

第六组						
16. 我关心别人的成功，就像关心自己的成功一样。	1	2	3	4	5	6
17. 我能与别人合作。	1	2	3	4	5	6
18. 遇到冲突时，我努力寻找有利于各方的解决方案。	1	2	3	4	5	6

此组总分：☐

第七组						
19. 我对他人的感受很敏感。	1	2	3	4	5	6
20. 我努力争取理解对方的观点。	1	2	3	4	5	6
21. 我在倾听时，会试着从对方的角度看问题，而不仅从自己的角度来看问题。	1	2	3	4	5	6

此组总分：☐

（续表）

第八组	非常 不好	不好	一般	好	非常好	特别 优秀
22. 我重视并寻求他人的见解。	1	2	3	4	5	6
23. 我能创造性地寻求新的、更好的想法和解决方案。	1	2	3	4	5	6
24. 我鼓励他人表达自己的观点。	1	2	3	4	5	6

此组总分：☐

第九组						
25. 我关心自己的身体健康和幸福。	1	2	3	4	5	6
26. 我努力建立并改善与他人的关系。	1	2	3	4	5	6
27. 我会花时间追求生活的意义和乐趣。	1	2	3	4	5	6

此组总分：☐

用图表记录你七个习惯的效能

在"此组总分"一栏中计算你的每组得分。一共有九组，前两组分别对应七个习惯的基础习惯，后七组分别对应高效能人士的七个习惯。

在计算出你的各组总分后，在下面的表格中写下每组分数，将你的总数制作成图表。

你的分数越高，表明你越接近七个习惯的原则要求。如果你的分数比你希望的低，请参考《高效能人士的七个习惯》一书中的相应章节（或模块），以便更好地了解如何能提高你在这些习惯中的效能。

各组总分

	1	2	3	4	5	6	7	8	9
	情感账户	平衡生活	积极主动	以终为始	要事第一	双赢思维	知彼解己	统合综效	不断更新
18 出色									
15 很好									
12 不错									
9 可以									
6 差									
3 极差									

写在最后的话

《高效能人士的七个习惯》是有史以来最具启发性、影响力最大的书籍之一。我们希望，通过阅读使用本书，你能享受并学到关于成功的高效能人士的重要经验，这些经验将继续丰富你的人生。

你可以通过购买《高效能人士的七个习惯》来了解更多关于史蒂芬·柯维经典永流传的智慧和准则。该书有各种版本可供选择，书中还包括可读性强、易于理解的信息图表。

衷心祝愿你成为最好的自己！

史蒂芬·柯维简介

史蒂芬·柯维是在国际上备受推崇的领导力大师，家庭问题专家，教师，企业组织顾问和作家。他一生致力于教授以原则为中心的生活和领导力，教导人们以此为基础建立发展家庭和组织。他在哈佛大学获得了工商管理硕士学位（MBA），在杨百翰大学获得了博士学位。他是杨百翰大学组织行为和企业管理学教授，还担任大学关系部主任和校长助理。

柯维博士著作颇丰，饱受赞誉，包括国际畅销书《高效能人士的七个习惯》。该书荣登"二十世纪最具影响力的商业书"的榜首，被评为有史以来最具影响力的十大管理书之一。该书有38种语言的版本，总销量超过4000万册。柯维博士的其他畅销书包括《要事第一》《高效能人士的领导准则》和《高效能家庭的7个习惯》，总销量超过了2500万册。

作为9个孩子的父亲和50个孩子的祖父，柯维博士获得了全美父亲组织（National Fatherhood Initiative）颁发的2003年最佳父亲奖，他说这是自己获得过最有意义的奖项。柯维博士获得的其他奖项包括：圣托马斯摩尔学院的"持续为人类服务勋章"，1999年年度最佳演讲者，1998年锡克教年度"国际和平大师"，1994年年度最佳国际企业家奖，以及美国年度最佳企业家奖的企业领导力终身成就奖。柯维博士被《时代》周刊评为25位最具影响力的美国人之一，获得了12

个名誉博士学位。

柯维博士曾是全球领先的专业服务公司富兰克林柯维公司的联合创始人和副主席。该公司在160个国家设有办事处，分享柯维博士的愿景、纪律、激发和提升激情，还为全世界的人们和组织提供变革和成长的工具。

本书编者简介

M. J. 菲弗尔出生于海地，是一位有长期经验的教育家和作家，被誉为兼顾效率和效能的榜样。她帮助人们以写作的方式治愈创伤、建立社区、创造社会变革。她的合作对象包括退伍军人、被剥夺权利的青年、癌症患者和癌症幸存者、家庭暴力和性暴力受害者、少数民族、老年人、患有慢性病或正在经历转型的人，以及任何需要将写作当作一种治疗形式的弱势人群，即使他们没有意识到自己需要写作或治疗。她是两个畅销系列《酷酷的非裔女性》和《胆量与肤色》（*Bold and Black*）的作者。

M. J. 与她的丈夫艺术家托马斯·洛根（Thomas B. Logan）住在美国佛罗里达州一个名为冬季花园（Winter Garden）的城市。

安妮·奥斯瓦尔德是富兰克林柯维公司图书和音频部的副总裁，该公司给读者带来了不少以自我帮助、商业经营、激励和教育为主题的全球畅销书。

安妮在富兰克林柯维公司服务了30多年，是构思和开发全球畅销书过程中的重要成员，这些书包括《高效能人士的七个习惯》《杰出青少年的七个习惯》《高效能人士的执行4原则》《快乐儿童的七个习惯》等。她在工作中最喜欢的业务就是与国际出版商建立双赢关系。

安妮和丈夫住在美国犹他州的落基山脉附近，他们养育了四个女儿，并为她们感到自豪。安妮毕业于英语和通信专业，她在家乡当地的社区大学以及在世界各地教授高效能人士的七个习惯及其相关内容。

安妮鼓励大家通过践行七个习惯的原则，寻求在生活中实现高效能。

富兰克林柯维中国数字化解决方案：

　　「柯维+」（Coveyplus）是富兰克林柯维中国公司从2020年开始投资开发的数字化内容和学习管理平台，面向企业客户，以音频、视频和文字的形式传播富兰克林柯维独家版权的原创精品内容，覆盖富兰克林柯维公司全系列产品内容。

　　「柯维+」数字化内容的交付轻盈便捷，让客户能够用有限的预算将知识普及到最大的范围，是一种借助数字技术创造的高性价比交付方式。

　　如果您有兴趣评估「柯维+」的适用性，请添加微信coveyplus，联系柯维数字化学习团队的专员以获得体验账号。

富兰克林柯维公司在中国提供的解决方案包括：

I. 领导力发展：

高效能人士的七个习惯®(标准版) The 7 Habits of Highly Effective People®	THE 7 HABITS of Highly Effective People® SIGNATURE EDITION 4.0	提高个体的生产力及影响力，培养更加高效且有责任感的成年人。
高效能人士的七个习惯®(基础版) The 7 Habits of Highly Effective People® Foundations	THE 7 HABITS of Highly Effective People® FOUNDATIONS	提高整体员工效能及个人成长以走向更加成熟和高绩效表现。
高效能经理的七个习惯® The 7 Habits® for Manager	THE 7 HABITS for Managers ESSENTIAL SKILLS AND TOOLS FOR LEADING TEAMS	领导团队与他人一起实现可持续成果的基本技能和工具。
领导者实践七个习惯® The 7 Habits® Leader Implementation	THE 7 HABITS Leader Implementation COACHING YOUR TEAM TO HIGHER PERFORMANCE	基于七个习惯的理论工具辅导团队成员实现高绩效表现。
卓越领导4大天职™ The 4 Essential Roles of Leadership™	The 4 Essential Roles of LEADERSHIP™	卓越的领导者有意识地领导自己和团队与这些角色保持一致。
领导团队6关键™ The 6 Critical Practices for Leading a Team™	THE 6 CRIRICAL PRACTICES FOR LEADING A TEAM™	提供有效领导他人的关键角色所需的思维方式、技能和工具。
乘法领导者® Multipliers®	LIZ WISEMAN's MULTIPLIERS® HOW THE BEST LEADERS IGNITE EVERYONE'S INTELLIGENCE	卓越的领导者需要激发每一个人的智慧以取得优秀的绩效结果。
无意识偏见™ Unconscious Bias™	UNCONSCIOUS BIAS™	帮助领导者和团队成员解决无意识偏见从而提高组织的绩效。
找到原因™：成功创新的关键 Find Out Why™: The Key to Successful Innovation	Find Out WHY™ THE KEY TO SUCCESSFUL INNOVATION	深入了解客户所期望的体验，利用这些知识来推动成功的创新。
变革管理™ Change Management™	CHANGE How to Turn Uncertainty Into Opportunity™	学习可预测的变化模式并驾驭它以便有意识地确定如何前进。

培养商业敏感度™ Building Business Acumen™	Building Business —Acumen—	提升员工专业化，看到组织运作方式和他们如何影响最终盈利。

II. 战略共识落地：

高效执行四原则® The 4 Disciplines of Execution®	The 4 Disciplines of Execution	为组织和领导者提供创建高绩效文化及战略目标落地的系统。

III. 个人效能精进：

激发个人效能的五个选择® The 5 Choices to Extraordinary Productivity®	THE 5 CHOICES to extraordinary productivity	将原则与神经科学相结合，更好地管理决策力、专注力和精力。
项目管理精华™ Project Management Essentials for the Unofficial Project Manager™	PROJECT MANAGEMENT ESSENTIALS™ For the Unofficial Project Manager	项目管理协会与富兰克林柯维联合研发以成功完成每类项目。
高级商务演示® Presentation Advantage®	Presentation —Advantage TOOLS FOR HIGHLY EFFECTIVE COMMUNICATION	学习科学演讲技能以便在知识时代更好地影响和说服他人。
高级商务写作® Writing Advantage®	Writing —Advantage TOOLS FOR HIGHLY EFFECTIVE COMMUNICATION	专业技能提高生产力，促进解决问题，减少沟通失败，建立信誉。
高级商务会议® Meeting Advantage®	Meeting —Advantage TOOLS FOR HIGHLY EFFECTIVE COMMUNICATION	高效会议促使参与者投入、负责并有助于提高人际技能和产能。

IV. 信任：

信任的速度™（经理版） Leading at the Speed of Trust™	Leading at the SPEED OF TRUST	引领团队充满活力和参与度，更有效地协作以取得可持续成果。
信任的速度®（基础版） Speed of Trust®: Foundations	SPEED OF TRUST. FOUNDATIONS	建立信任是一项可学习的技能以提升沟通，创造力和参与度。

V. 顾问式销售：

帮助客户成功® Helping Clients Succeed®	HELPING CLIENTS SUCCEED	运用世界顶级的思维方式和技能来完成更多的有效销售。

VI. 客户忠诚度：

引领客户忠诚度™ Leading Customer Loyalty™	LEADING CUSTOMER LOYALTY	学习如何自下而上地引领员工和客户成为组织的衷心推动者。